[日]中田寿幸 监修

马宜竞 译

数学不无聊

妙趣横生的数学故事

上册

U0172748

SPM
南方传媒

新世纪出版社

·广州·

图书在版编目(CIP)数据

数学不无聊.妙趣横生的数学故事/(日)中田寿幸
监修；马宜竞译.— 广州：新世纪出版社,2022.7
ISBN 978-7-5583-3250-0

Ⅰ.①数… Ⅱ.①中… ②马… Ⅲ.①数学－少儿读
物 Ⅳ.① O1-49

中国版本图书馆 CIP 数据核字 (2022) 第 019778 号

广东省版权局著作权著作权合同登记号 图字：19-2021-304号
Copyright©Toshiyuki Nakata 2013
All rights reserved.
Originally published in Japan by Jitsugyo no Nihon Sha, Ltd.
Simplified Chinese translation rights arranged with Jitsugyo no Nihon Sha, Ltd.through YOU-
BOOK AGNECY, China
本作品简体授权由玉流文化版权代理独家授权

出 版 人：陈少波
策划编辑：徐颢妍
责任编辑：杨涵丽
责任校对：林 原
美术编辑：佳 佳
封面设计：金牍文化·车球

数学不无聊.妙趣横生的数学故事
SHUXUE BU WULIAO.MIAOQU-HENGSHENG DE SHUXUE GUSHI
[日] 中田寿幸◎监修 马宜竞◎译

出版发行 SPM 南方传媒｜新世纪出版社
（广州市大沙头四马路10号）
经　　销：全国新华书店
印　　刷：东莞市翔盈印务有限公司
开　　本：889 mm×1194 mm　1/32
印　　张：6.5
字　　数：86.1千
版　　次：2022年7月第1版
印　　次：2022年7月第1次印刷
书　　号：ISBN 978-7-5583-3250-0
定　　价：64.00元（上下册）

目 录

有趣的数·不可思议的数

有趣的应用题

序言

本书的内容分为三大部分。

第一部分是"神奇的数学课堂"。在数学课堂上，总是有各种让大家觉得"好神奇啊""不是很理解"的时候，这一部分的内容就是对这些问题解决方法的归纳总结。第二部分是"有趣的数·不可思议的数"。这部分内容不仅有在数学课上出现的数，而且有更高阶稍微难一些的数的知识。但也不必担心，它们都是围绕小学数学课的内容来讲解的。第三部分是"有趣的应用题"。这部分内容都是非常典型、可以举一反三的应用题。

我想，在解答这类应用题的时候，会让大家产生"应用题真的很有趣呢""数学也很有趣"的感受。

在弄明白了让大家觉得很不可思议、很难理解的问题之后，大家也会获得成长。那么就请读一读这本书吧，我希望大家能在弄明白问题的过程中体会到数学的乐趣。

筑波大学附属小学　中田寿幸

神奇的数学课堂

一起买和分开买，价格一样吗
——认识分配律

当大家到一个地方旅行时，总会买一些当地的特色产品，那么，你有没有经历过这样的事情呢？

第一天，你给 2 个朋友每人买了 1 袋 50 元的点心。第二天，你又给另外 3 个朋友每人也买了 1 袋 50 元的点心。

"如果第一天把 5 袋点心全部买齐的话，会不会更划算呢？"

"无论是一起买还是分开买，付的钱是一样多的。"

那么，一起买和分开买付的钱到底是不是一样多，让我们画张图来看一下吧。

第一天所付的金额：50 × 2 = 100（元）

第二天所付的金额：50 × 3 = 150（元）

第 一 天

50 元   50 元

第一天所付的金额

$50 \times 2 = 100$（元）

第 二 天

50 元   50 元   50 元

第二天所付的金额

$50 \times 3 = 150$（元）

两天一共支付的金额

$$100 + 150 = 250 （元）$$

两天一共支付的金额：100+150=250（元）

从图中可以看出，第一天给 2 个朋友买点心花了 100 元，第二天给另外 3 个朋友买点心花了 150 元，加起来一共是 250 元。

那么，如果第一天就把给朋友们的点心全都买了的话，一共要花多少钱呢？第一天给 2 个朋友买了点心，第二天给 3 个朋友买了点心，所以一共给 5 个朋友买了点心，总共花的钱数是：$5 \times 50 = 250$（元）。

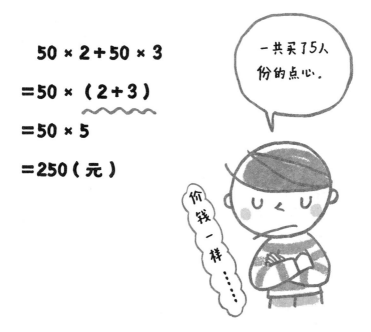

$$50 \times 2 + 50 \times 3$$

$$= 50 \times (2 + 3)$$

$$= 50 \times 5$$

$$= 250 (元)$$

也就是说，给 5 个朋友买的点心，不论分开买还是一起买，花的钱都一样多。（当然，也许在不同的商店买点心会遇到不同的打折活动，就会出现不同的价格。在这里我们就不考虑这种情况啦。）

这就是乘法运算中的乘法分配律。像下一页图最下面部分的算式那样，在两个乘积相减的运算中，也可以根据分配律转换成乘法来计算结果。

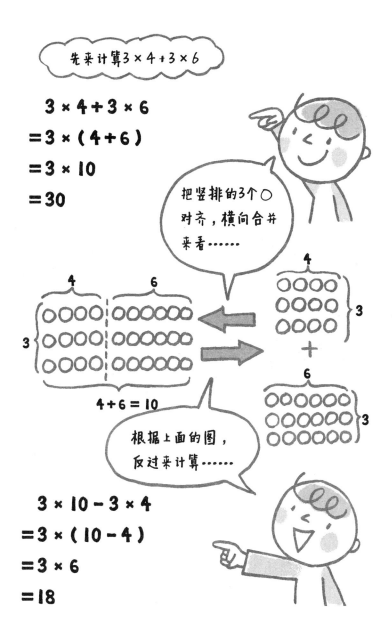

先来计算3×4+3×6

$3×4+3×6$
$=3×(4+6)$
$=3×10$
$=30$

把竖排的3个○对齐，横向合并来看……

4+6=10

根据上面的图，反过来计算……

$3×10-3×4$
$=3×(10-4)$
$=3×6$
$=18$

另外，乘法运算中，把两个因数调换位置，运算结果不变。计算 $2×5+5×8$ 的时候，也可以先运用乘法交换律，再运用乘法分配律。

像下图这样，把 $2×5$ 的示意图旋转 90 度，可以看作 $5×2$，然后就可以按照前面的方法来计算啦。

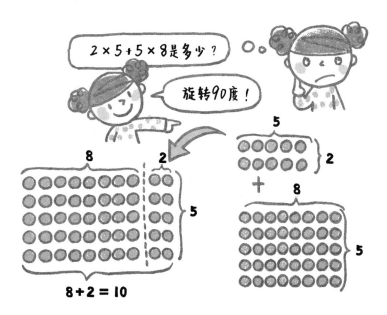

用相同的因数5，乘2加8的和10，也就是5乘10，结果等于50。

那么，现在我们把数变大一些，$18 \times 67 + 18 \times 33$ 的结果是多少呢？来计算一下吧。

根据前面的解题方法，用相同的因数18，乘67加33的和100，也就是18乘100，就可以算出答案啦，计算过程参照右图。

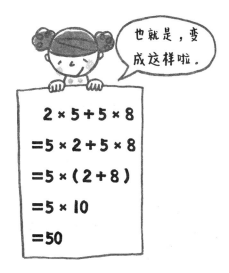

也就是，变成这样啦。

$$2 \times 5 + 5 \times 8$$
$$= 5 \times 2 + 5 \times 8$$
$$= 5 \times (2 + 8)$$
$$= 5 \times 10$$
$$= 50$$

$$18 \times 67 + 18 \times 33$$
$$= 18 \times (67 + 33)$$
$$= 18 \times 100$$
$$= 1800$$

我们来试试吧！

那么，熟练运用乘法分配律，到底有什么好处呢？

"只需要进行一次运算，就能得出结果，出错的可能性减小了。"

"而且运算速度变快了呢！"

"把因数整合起来，变成比较简单的整数，这样运算过程就简便多了。"

另外，使用乘法分配律进行运算，来解决实际生活中遇到的数学问题，也很方便呢。

例如，假设你买了 12 件售价 10.5 元的商品，要心算这些商品的总价不太容易吧？但是，如果使用分配律，把 10.5 元拆分成 10 元和 0.5 元，然后再计算总金额，就会简单很多。12 个 10 元一共是 120 元，12 个 0.5 元一共是 6 元。再把 120 元和 6 元相加，得出结果是买 12 件商品一共花费了 126 元。

像上面所说的那样，把一个大的数拆分开来，也能找到使运算过程变得更简单的方法。

每件商品 10.5 元，买 12 件商品，一共多少钱？

 12 个 10 元

12 个 0.5 元

把 10.5 元分成 10 元和 0.5 元来计算。

$$10.5 \times 12 = （10 + 0.5）\times 12$$
$$= 10 \times 12 + 0.5 \times 12$$
$$= 120 + 6$$
$$= 126 （元）$$

　　只要能学会把数熟练地拆分或组合出像 10 或 100 这样的整十、整百数简化运算，就能更容易地计算出结果，这真的很棒啊！

为什么乘比1小的数，
结果会变小呢

"老师，这里我有些不明白。"

小美和同学们来到教师办公室，向老师请教："乘法运算难道不是应该得到一个更大的数吗？但为什么和有的小数相乘后，答案却是比原来的数更小的数，这到底是怎么回事呢？您看这道题：有 2.3 个盘子，然后在每个盘子里都放了 4 个苹果，结果就是 4 乘 2.3，得出共有 9.2 个苹果，这是不可能的吧！"

"为什么不可能呢？这样的描述虽然在生活中不常用，但在数学题中却能计算出结果。"

对于这个问题，我们要认真研究一下了。

2.3 盘苹果?

9.2 个苹果?

　　2.3 个盘子里一共有 9.2 个苹果，这确实是很难想象的画面呢。那么，我们先来思考下面这个问题吧。

　　如果有一种丝带，价格是每米 80 元，现在让我们来算一算，☐ 米这种丝带一共多少钱。

　　☐ 里可以填什么数呢?

我们先看买1米丝带的情况。如果我们买了1米丝带，每米价格是80元，那么我们应该支付80元。在这种情况下，即便不看算式，也能很容易算出答案：$80×1=80$（元）。

接下来，我们看看买2米丝带的情况。如果我们买了2米丝带，每米80元，那么我们应该付160元，算式是：$80×2=160$（元）。

然后，我们来看买3米丝带的情况。如果我们买了3米丝带，每米80元，那么我们应该付240元，算式是：$80×3=240$（元）。

有的同学会想，如果都是整数的话，计算起来挺简单的，但是如果换成小数就不好理解了。那么，就让我们试着算一下有小数的乘法运算吧。

如果我们买了2.3米丝带，每米80元，此时我们应该付多少钱呢？算式不就是$80×2.3$嘛。

"这里不理解，乘2.3米，这是怎么回事呀？"

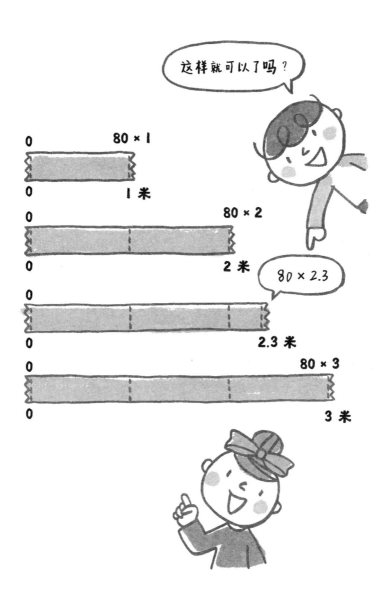

这里确实有些复杂，用每米 80 元的丝带乘 2.3 米，那么这里的"元"乘"米"的结果应该是什么呢？

"在这里，如果只考虑 2.3 米这个数的话不容易理解。换个方式来思考，2 米是 1 米的 2 倍，3 米就是 1 米的 3 倍，所以这里用 1 米丝带的价钱乘 2 或乘 3 就能算出来。同理，2.3 米就是 1 米的 2.3 倍，也就是用 80×2.3 这个算式来计算就好啦。"

我们把 80 元乘 2.3 米理解成 80 元的 2.3 倍，这样用 80×2.3 这个算式来计算，就很容易理解了吧。

或者这样思考，2.3 米丝带的价钱，就是 0.1 米丝带价钱的 23 倍，如果丝带的价钱是 1 米 80 元的话，那 0.1 米丝带的价钱就是 8 元啦，所以算式可以写成 8×23=184（元）。

2 米丝带的价钱是 160 元，那么 2.3 米丝带的价钱应该是比 160 元贵一些的，所以 184 元是没问题的。

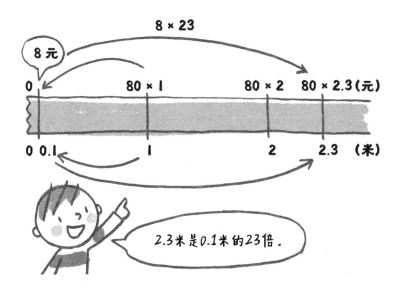

小美说：“我明白了，在计算含有小数的乘法时，可以理解成倍数来计算。但是，我还是不太明白，既然是乘法，那就算是小数的乘法运算，结果也应该是比原来的数更大的数啊。可是，为什么有时候，计算结果却是比原来的数更小的数呢？这个还是很难理解啊。”

那么接下来，我们就来研究一下因数比1小的乘法运算吧。

如果购买 0.7 米丝带，丝带的价钱是 1 米 80 元，我们应该付多少钱呢?

"1 米丝带的价钱是 80 元，买 0.7 米丝带的话，因为不到 1 米，价钱应该也不到 80 元。"

如果我们把 0.7 米看成 1 米的 0.7 倍的话，算式就是 80 × 0.7。因为 0.1 米丝带的价钱是 8 元，所以 8 元

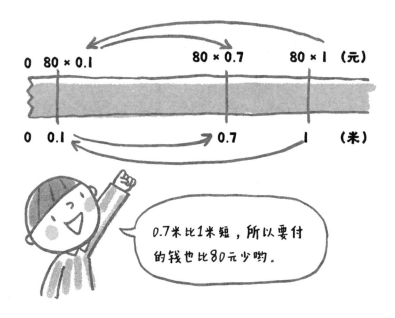

0.7米比1米短，所以要付的钱也比80元少哟。

的 7 倍就是 56 元啦。0.7 米的丝带比 1 米的短一些，价钱也就比 1 米的丝带更少，所以这个答案是可以接受的。

因数比 1 还小，意味着还不到 1 倍，所以会出现比 1 倍数值更小的计算结果。

说回到苹果的问题，在 2.3 个盘子里放苹果，可以看成 1 个盘子里放 4 个苹果，2.3 个盘子的苹果总量就是它的 2.3 倍。所以，用 2.3 倍来计算的话，$4 \times 2.3 = 9.2$（个），就能计算出一共有 9.2 个苹果。

在乘法运算中，也就是算一个数的倍数时，小数的算法和整数是一样的。但是，和比 1 小的小数相乘时，由于小数不到 1 倍，所以答案会比原来的数小。

小数的除法又是怎么回事呢

有一天，小娜帮妈妈准备聚会上用的礼物。礼物都装在1个大箱子里，小娜和妈妈要用好看的包装纸把这些礼物分别包装好。妈妈突然想起她忘记买包装用的装饰丝带了。

小娜说："我去买吧。"

于是，小娜出门去商店买丝带。商店里有红色的、黄色的、橙色的丝带，还有方格子的丝带。

"选这种方格子的丝带吗？可是那种红色的丝带也很好看啊。"

最后小娜买了1卷红色丝带，价格是每米9元。

回到家后，小娜和妈妈一起包装礼物。包装1个礼物要用2.5米丝带，1卷丝带一共长15米。小娜妈妈打算把15米的长丝带剪成每段2.5米的短丝带。

"15米长的丝带能剪出几段2.5米的丝带呢？15除

以 2.5 是……"

小娜听到妈妈在做这样的计算，有些惊讶。

"一卷丝带长 15 米，那么用 15 米除以 2.5 的意思就是要算出这 15 米中，一共有几个 2.5 米吗？"

15 除以 2.5 等于 6。

1 卷丝带可以剪出 6 段 2.5 米的短丝带。

可是礼物不止 6 个，分段后的丝带还是不够用，所以小娜又去商店买丝带。

"这次买和上次不一样的丝带吧。如果直接买几条

2.5 米长的丝带，就不需要剪了，很方便呢。"

最后，小娜买了一些长 2.5 米的方格子丝带，每根丝带 20 元。

小娜想："之前买的红色丝带和这次买的方格子丝带，哪种更贵一些呢？"

"买长 2.5 米的方格子丝带每根花了 20 元，那么买 5 米这种丝带就需要 40 元。"

用 40 元除以 5 米，可以算出方格子丝带每米价格是 8 元。

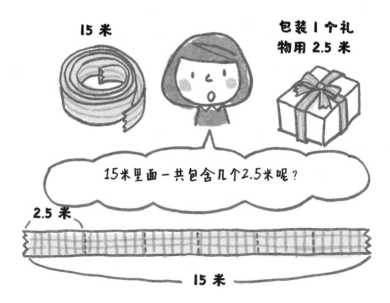

15 米

包装 1 个礼物用 2.5 米

15 米里面一共包含几个 2.5 米呢？

2.5 米

15 米

"我明白 40 除以 5 可以计算 1 米丝带的价格，但是不明白像 2.5 这样的小数也能作为除数，来计算每米丝带的价格吗？"小娜觉得有点儿不解。

于是小娜去请教妈妈，妈妈是这样讲的："25 米方格子丝带一共是 200 元吧。如果 2.5 米方格子丝带是 20 元，那么 25 米方格子丝带就是 200 元，20 除以 2.5 和 200 除以 25 的计算结果都是 8，也就是说，用两种方法计算出每米丝带的价格都是一样的。所以，除以 2.5

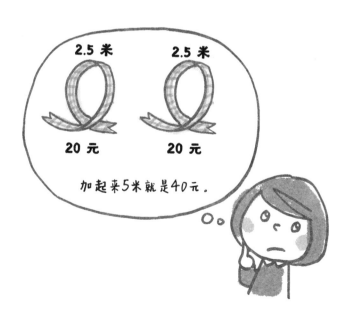

这样的小数，也可以求出1米方格子丝带的价格。"

"把2.5作为除数，真的可以算出1米丝带的价格吗？"

"将整卷丝带剪成每段2.5米长的丝带后，可以看出一共能剪出几段2.5米长的丝带。如果用2.5米丝带的价格除以2.5，得到的答案就是1米丝带的价格了。"

小娜觉得，用小数做除法真的很有趣。

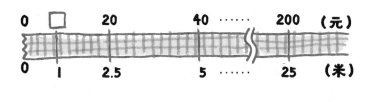

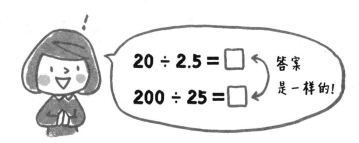

20 ÷ 2.5 = □
200 ÷ 25 = □
答案是一样的！

我们沿着这个思路，看看下面的问题。

如果我们已知 2.5 千克软管的总长度，用总长度除以 2.5，就能计算出这种软管每千克的长度。如果我们知道了 2.5 升油漆可以涂多大面积的墙，那么用面积除以 2.5，就可以计算出每升这种油漆可以涂多大面积墙了。

2.5 千克软管

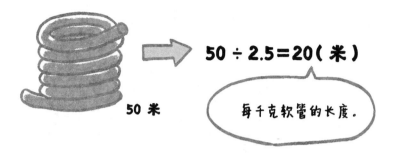

50 米

$50 \div 2.5 = 20$（米）

每千克软管的长度.

2.5 升油漆

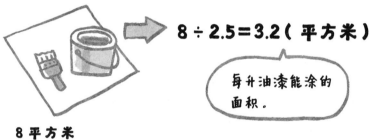

8 平方米

$8 \div 2.5 = 3.2$（平方米）

每升油漆能涂的面积.

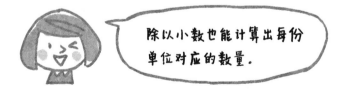

除以小数也能计算出每份单位对应的数量.

也就是说，上述题目中除以 2.5，可以计算出每份单位对应的数量（单位量）。当然啦，把 2.5 换成任何其他小数，都可以用这种方法来计算每份的数量。

整数作为除数的时候，可以计算每人或每份的数量（单位量）。同理，小数作为除数的时候，也能计算每人或每份的数量（单位量）。

为什么在分数的加法运算中，
分母不用相加呢

让我们来计算一下 " $\dfrac{1}{5}+\dfrac{2}{5}$ " 吧，看看答案是多少。

"先把分子都相加，然后把分母都相加，不就算出来了嘛。"

"分子是1加2等于3，分母是5加5等于10，所以答案就是 $\dfrac{3}{10}$ 啦。"

像这样，在分数的加法运算中，把分子和分母分别相加，似乎是一种并不少见的想法。

"但是仔细想想，如果用上面的方法来计算的话，就会导致明明是进行了加法运算，相加后的结果却成了更小的数，这样的结果一定不对哟。"

答案到底是多少呢？我们先从分数的含义开始研究吧。

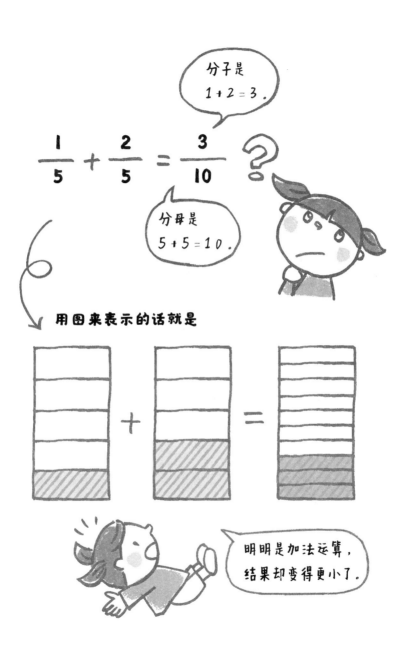

27

一个整体可以用自然数1来表示，我们通常把它叫作单位"1"。分数就是把单位"1"平均分成□份，其中的△份就是 $\dfrac{\triangle}{\square}$。

比如，在 $\dfrac{3}{5}$ 中，分母5的意思是"把整体平均分成5份"，分子3表示"其中的3份"。也就是说，分母表示"平均分成若干份"，而分子表示"其中的几份"。

"原来如此，分母表示这里已经平均分成了5份，

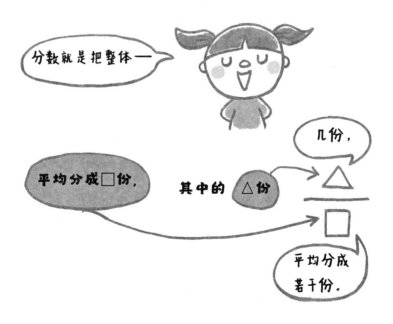

所以不能再相加了。"

"只把表示'几份'的分子相加就好了，所以答案

应该是 $\dfrac{3}{5}$。"

是的，看前面的图也能明白，分母相同的两个分
数相加时，只需要把表示"几份"的分子相加就好啦。

下面我们再来看看 $\dfrac{1}{5}+\dfrac{2}{5}$ 的计算结果。

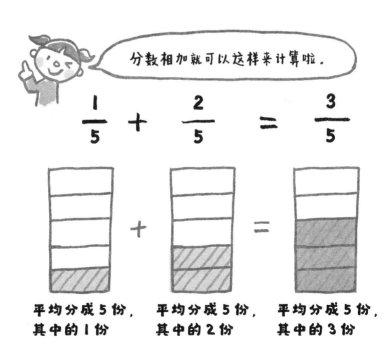

分数相加就可以这样来计算啦。

$$\frac{1}{5} + \frac{2}{5} = \frac{3}{5}$$

平均分成 5 份，
其中的 1 份

平均分成 5 份，
其中的 2 份

平均分成 5 份，
其中的 3 份

那么我们现在来看看，如果分母是不同的数时，分数的加法应该怎么计算呢？以 $\frac{1}{2}+\frac{1}{3}$ 为例，来试着算一算吧。

"就像分母相同的分数相加一样，只把分子相加就可以了吧？"

"但是分母怎么办呢？计算 $\frac{1}{5}+\frac{2}{5}$ 的时候，分母都是 5，当然好算啦，可是这次的分母一个是 2，一个是 3，不是同一个数啊……"

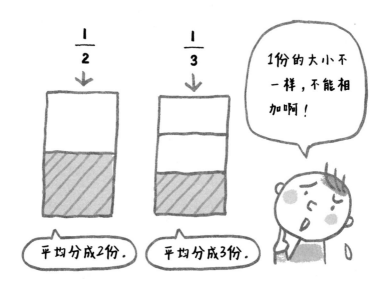

大家发现了一个很关键的问题，在 $\frac{1}{2}$ 和 $\frac{1}{3}$ 当中，把单位"1"平均分出的份数并不一样，$\frac{1}{2}$ 是把单位"1"平均分成 2 份，$\frac{1}{3}$ 是把单位"1"平均分成 3 份。$\frac{1}{2}$ 和 $\frac{1}{3}$ 虽然都是其中的一份，但一份的大小却不一样。

把单位"1"平均分成若干份，表示其中一份的数叫分数单位，分数单位不一样的分数不能直接相加求和。

"原来如此，把不一样的分数单位相加确实有点奇怪呢。"

"那怎么算才是对的呢？"

"把分数单位统一起来应该就可以计算了吧！"

把分数单位不一样的分数统一成分数单位一致的分数，这个想法很棒呢。我们就按照这个思路来试着计算一下吧。

"2 和 3 的最小公倍数是 6，所以，我们就把分母都统一成 6 吧。"

为了把分母统一成 6，可以把 $\frac{1}{2}$ 的分子和分母同时乘 3，等于 $\frac{3}{6}$。同理，把 $\frac{1}{3}$ 的分子和分母同时乘 2，等于 $\frac{2}{6}$。这样，两个分数的分母都是 6，就可以相加了，所以 $\frac{3}{6} + \frac{2}{6} = \frac{5}{6}$。

"分子和分母同时乘 2 或 3 之后，分数的大小难道不会变吗？"

请在脑海里想象一个圆形的蛋糕，不论把蛋糕切成 2 等份、3 等份，还是 6 等份，蛋糕整体的大小都不会变，只是蛋糕平均切分的份数变了。

这样理解，单位"1"就是整个蛋糕，分母就是"平均分成的若干份"。单位"1"分成的份数不一样时，其中的一份，即分数单位就不一样。我们首先要把分数单位统一起来，也就是把分母变成相同的数。像这样，把异分母分数分别化成和原来分数相等的同分母分数，叫作通分。

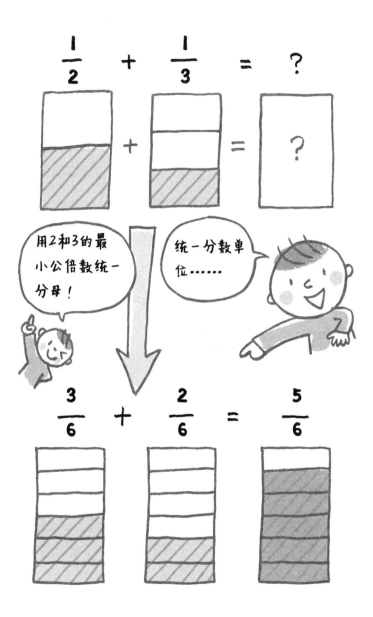

时速 40 千米和时速 60 千米，平均速度是时速 50 千米吗

开车去离家 120 千米的亲戚家玩耍，去的时候时速是 40 千米，回来的时候时速是 60 千米。开车往返的平均时速是多少呢？

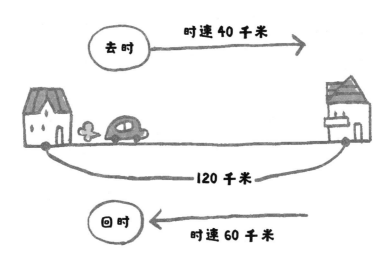

"往返的距离是一样的，所以平均速度就是 40 千米加 60 千米的和再除以 2，等于时速 50 千米吧。"

我们一起来验证结果是否正确吧。去的时候和回的时候，路程加起来一共 240 千米，如果时速 50 千米的话，那么总共花费的时间就是 4.8 小时啦。

但是，实际所花费的时间并不是 4.8 小时。去时所花时间用路程 120 千米除以时速 40 千米，等于 3 小时。回来时所花时间用 120 千米除以时速 60 千米，等于 2 小时。3 小时加 2 小时，结果是 5 小时。

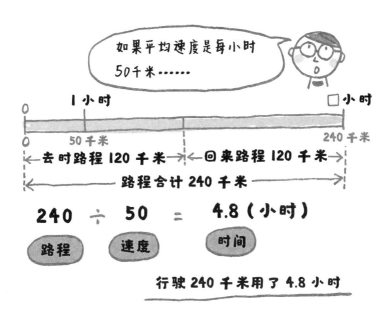

实际所花的时间是……

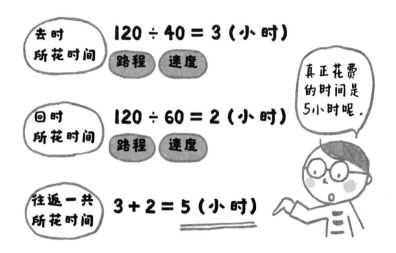

去时所花时间　120÷40=3（小时）　路程　速度

回时所花时间　120÷60=2（小时）　路程　速度

往返一共所花时间　3+2=5（小时）

真正花费的时间是5小时呢。

　　平均速度并不是每小时 50 千米。那么，正确的平均速度是每小时多少千米呢？

　　为了解决这个问题，让我们先来复习一下什么是速度吧。

　　速度表示每小时（或每分钟等）行驶的路程。例如，2 小时行驶了 100 千米的路程，可以看作速度是每小时行驶 50 千米。如下一页图里的"每小时行驶 50 千米"

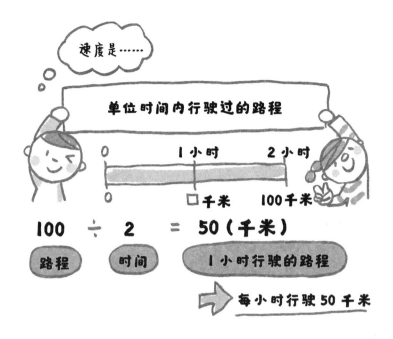

就是速度，可以用时速 50 千米来表示。

所以，速度可以用"行驶过的路程"（路程）和"花费的时间"（时间）来计算。

那么，回到开始的那个问题，我们再来算一算，开车往返的平均速度是多少呢？

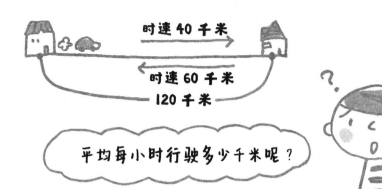

时速 40 千米

时速 60 千米

120 千米

平均每小时行驶多少千米呢？

往返的路程

120 + 120 = 240（千米）

往返所花费时间

去时 120 ÷ 40 = 3（小时）

回时 120 ÷ 60 = 2（小时）

往返 3 + 2 = 5（小时）

平均速度

240 ÷ 5 = 48（千米／时）

路程 时间 速度

每小时行驶 48 千米

从前面的计算过程中，我们已经知道开车往返一共行驶了 240 千米的路程，用了 5 小时。接下来，就可以计算出每小时行驶的路程了，用 240 千米除以 5 小时，结果等于 48 千米 / 时，也就是平均每小时行驶 48 千米。

通过前面的计算可以发现，简单地用往返的速度相加再除以 2，并不能得到正确的往返平均速度。

再来看下面这个问题。

如果小慧前 3 天每天吃 4 个苹果，后 2 天每天吃 6 个苹果，那么，这 5 天中，平均每天吃了几个苹果呢？

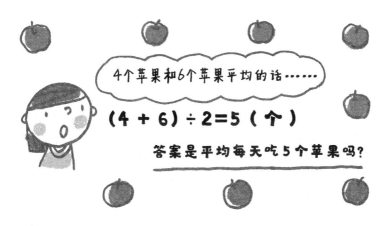

4 个苹果和 6 个苹果平均的话……

(4 + 6) ÷ 2 = 5（个）

答案是平均每天吃 5 个苹果吗？

大家可能会以为前 3 天每天吃 4 个苹果和后 2 天每天吃 6 个苹果，每天所吃苹果的平均数就是 4 和 6 的和再除以 2，也就是平均每天吃 5 个苹果。但实际上，结果是平均每天吃了 4.8 个苹果。这是怎么回事呢? 我们一起来想一想吧。

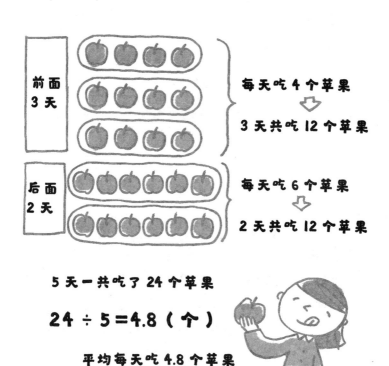

前面 3 天　　每天吃 4 个苹果
⇩
3 天共吃 12 个苹果

后面 2 天　　每天吃 6 个苹果
⇩
2 天共吃 12 个苹果

5 天一共吃了 24 个苹果

24 ÷ 5 = 4.8（个）

平均每天吃 4.8 个苹果

前 3 天每天吃 4 个苹果，3 天一共吃了 12 个苹果。后 2 天每天吃 6 个苹果，2 天一共吃了 12 个苹果。也就是说，5 天一共吃了 24 个苹果。要计算平均每天吃几个苹果，应该用全部 24 个苹果除以 5 天，等于平均每天吃 4.8 个苹果。

这样看来，把两组数的平均数相加再除以 2，并不等于总数的平均数。另外，两样东西混合后的量也不能直接用加法计算。

例如，把浓度是 10% 的食盐水和浓度是 20% 的食盐水倒在一起，并不能得到浓度是 30% 的食盐水。像这样，不能直接相加计算的量叫作"内涵量"。速度和平均数都属于内涵量。

与之相对应的，那些直接相加就可以计算的量叫"外延量"，比如 50 升水和 60 升水相加就是 110 升水。体积、长度和面积等也属于外延量。

把2米长的丝带平均分给3个人，每人得到的丝带是 $\frac{1}{3}$ 米吗

老师拿出了一条很长的丝带，把它贴到黑板上。

"这条丝带有2米长，如果把它平均分给3个人，每人可以分到多少米呢？"

小俊同学回答说："分给3个人，不就是把丝带平均分成3份，每人得到其中1份嘛，也就是每人应该分到 $\frac{1}{3}$ 米。"

说着，他把答案 $\frac{1}{3}$ 米写在了黑板上。

"是的。"很多同学的答案也是这样的。

老师问道："那么算式怎么写呢？"

这时，小敏同学说："把2米平均分给3个人，应该是2除以3才对吧？"

于是，小敏把答案写到黑板上。

"答案是 $\frac{1}{3}$ 米的话，用小数表示就是 0.333……了吧。"

老师一边说着，一边准备从丝带一端剪下比 33 厘米略长的一段。

"那么，现在我们就从丝带上剪下 3 段 $\frac{1}{3}$ 米长的丝带吧。"

"老师，请等一下……"

"怎么啦？"

"可是把丝带剪下3段 $\frac{1}{3}$ 米长之后，合起来的长度才1米呀，还剩1米长的丝带没有分呢。"

"真的呀，难道不应该是每人分 $\frac{1}{3}$ 米丝带吗？"

如果给每人分比 0.33 米略长的丝带的话，确实只把丝带分掉了1米。这是为什么呢？

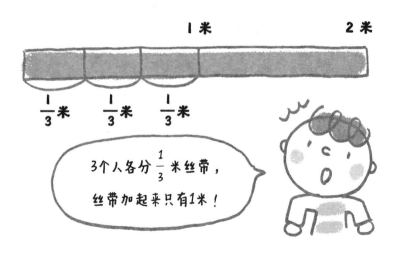

让我们来画一张图看看吧。

画一条表示 2 米的线段，然后试试把它分成 3 等份。可是 2 米分成 3 等份是除不尽的，这个问题确实挺难的。

"2÷3=0.666……也就是每人分得 0.666……米，比 1 米的一半还要长一些呢。"

小俊同学想计算出一个小数的答案，可是除不尽。

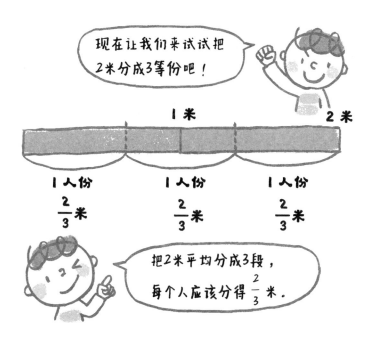

"每段丝带应当比 $\frac{1}{2}$ 米长一些，差不多是 $\frac{2}{3}$ 米，是这样的吧？" 小俊觉得还是要画图看看。

"把 2 米长的丝带平均分成 3 段，1 段就是 $\frac{2}{3}$ 米啦。"

"刚开始说的 $\frac{1}{3}$ 米，是把 1 米长的丝带分成 3 段相同的长度了，因此 3 个人分得的丝带加起只有 1 米。"

小花说："这里是把 2 米分成 3 等份，每份的长度是把 1 米分成 3 等份每份长度的 2 倍，所以是 $\frac{2}{3}$ 米啦。"

"题目中不是把 1 米分成 3 等份，而是把 2 米分成 3 等份呢。"

把 2 米平均分成 3 份所表示的 $\frac{1}{3}$，是把 2 米作为单位 "1"，每份占全长的 $\frac{1}{3}$，每份长度是 2 米乘 $\frac{1}{3}$，也就是 $\frac{2}{3}$ 米。

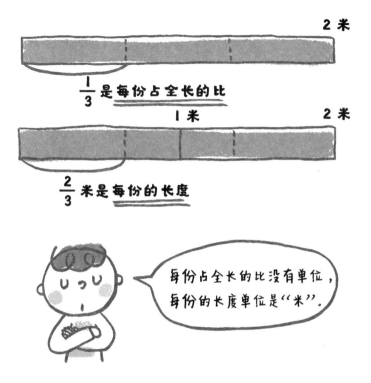

$\frac{1}{3}$ 是每份占全长的比

$\frac{2}{3}$ 米是每份的长度

每份占全长的比没有单位，每份的长度单位是"米"。

遇到像这样表示每份的分数时，一定要把它是"每份占全长的比"还是"每份的长度"搞清楚，否则可能计算出错误的答案。

那么，上面一题的算式就是 $2 \div 3 = \frac{2}{3}$（米）。

"在算式 2÷3 中，被除数是 2，作为商的分子；除数是 3，作为商的分母。"

没错，在除法运算中，用被除数做商的分子、除数做商的分母。

现在我们一起来看看这道练习题吧。2÷7 除不尽，但是可以直接用分数来表示商，怎么表示呢？

2÷7 的答案是 $\dfrac{2}{7}$。那么 3÷11 呢？答案是 $\dfrac{3}{11}$。

在计算除不尽的除法运算时，如果直接用分数表示商，就能准确计算出答案啦，真的是很方便呢。

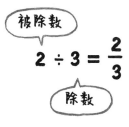

$$2 \div 3 = \frac{2}{3}$$

被除数

除数

所以

$$2 \div 7 = \frac{2}{7}$$

$$3 \div 11 = \frac{3}{11}$$

答案就是

$$\frac{被除数}{除数}$$

除不尽的除法运算，
商可以用分数来表示。

为什么分数的除法运算中，
要把除数倒过来再相乘呢

我们来试做一道除法题吧。

"3 个人一起分 6 个橘子，每人能分到几个橘子呢？"

这道题可以用 $6 \div 3 = 2$（个）来计算，用的是除法运算。

"2 升油漆可以涂一面 8 平方米的墙，那么 1 升油漆能涂几平方米的墙呢？"

这道题也是除法运算，所以答案是 $8 \div 2 = 4$（平方米）。

这里有个问题，在分橘子的题里，我们用除法运算求出的是什么呢？

"1 个人能分到橘子的数量。"

说得没错，那么油漆问题呢?

"1升油漆可以涂的墙的面积。"

除法运算就是要去计算1个人或1升等情况中，"1"所代表的数量。也就是在 6÷3 = □÷1 中，计算出□的数值是多少。

6÷3 怎样才能变成 □÷1 的形式呢?

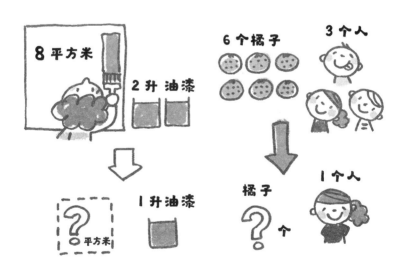

两边都是要计算 "1" 所代表的数量.

"在除法运算中，被除数和除数同时乘或者除以同一个非零的数，答案不变。"

"所以，在这里我们可以给被除数和除数都除以 3。"

"也可以给被除数和除数都乘 $\frac{1}{3}$ 。"

"也就是说，6÷3=2÷1，正确答案就是 2 啦。"

我们来看看下面这道题吧。

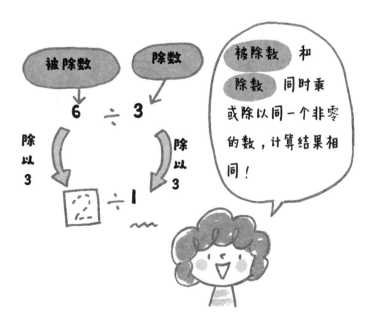

这里有一根长 $\frac{2}{3}$ 米、重 $\frac{5}{8}$ 千克的铁棒，请问如果铁棒长 1 米，重多少千克呢？

这道题怎么计算呢？

"出现的全是分数，看起来好难啊。这道题也是要做除法运算吗？"

大家回想一下一开始我们说过的什么是除法，就是计算"'1'所代表的数量"。

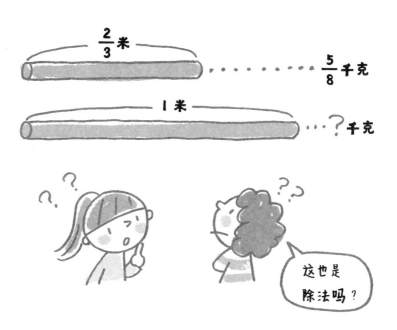

那么，这道题的问题是什么呢？

"问的是1米长的铁棒的重量，原来这道题问的也是'1'所代表的数量啊。也就是说，需要做除法运算。要想办法把除数变成1，算式应该是 $\frac{5}{8} \div \frac{2}{3}$ 吧。"

那么，我们应该怎么计算 $\frac{5}{8} \div \frac{2}{3}$ 呢？

现在想知道1米对应的重量，所以 $\frac{2}{3}$ 是除数。

现在想知道1米长的铁棒对应的重量，所以 $\frac{2}{3}$ 是除数。

"除法是要把算式转换成 □ ÷1的形式，所以，只要把 $\frac{2}{3}$ 变成1就好了吧。"

"用 $\frac{2}{3}$ 乘 $\frac{3}{2}$ 就可以变成1了。"

"原来如此，一个分数乘它自己分母和分子颠倒的分数，就等于1啊。"

"也就是被除数和除数都乘 $\frac{3}{2}$ 就好啦。"

那么，我们就试着计算一下吧。

要把 $\frac{2}{3}$ 变成1的话……

把分母和分子颠倒过来

$$\frac{2}{3} \times \frac{3}{2} = 1$$

乘   完成约分

给除号两边同时乘 $\dfrac{3}{2}$，就变成 □ ÷ 1 的形式了。

$$\dfrac{5}{8} \div \dfrac{2}{3}$$

$$= \left(\dfrac{5}{8} \times \dfrac{3}{2} \right) \div \left(\dfrac{2}{3} \times \dfrac{3}{2} \right)$$

$$= \left(\dfrac{5}{8} \times \dfrac{3}{2} \right) \div 1$$

也就是说，□ ÷ 1 当中的 □ 是 $\dfrac{5}{8} \times \dfrac{3}{2}$。

$$\dfrac{5}{8} \times \dfrac{3}{2} = \dfrac{15}{16}$$

所以

$$\dfrac{5}{8} \div \dfrac{2}{3} = \dfrac{15}{16}$$

"不可思议，$\dfrac{5}{8} \div \dfrac{2}{3}$ 变成了 $\dfrac{5}{8} \times \dfrac{3}{2}$。"

"真有趣，为了计算除法运算的结果，竟然要用到乘法。"

"所以说，分数的除法运算，是把除数的分母和分子颠倒过来，再做乘法运算，然后就能得到计算结果啦。"

"为了得到 □÷1 中的 1，必须把除数中的分数颠倒过来做乘法运算。"

也许在分数的除法运算中，大家会经常听到"颠倒过来再做乘法"这句话。但为什么要这样计算呢？需要大家认真思考。

那么，这种把除数中的分数颠倒过来再做乘法运算的方法，只适用于分数吗？其实，普通的整数除法运算也可以使用这个方法。例如，计算 $8 \div 2$ 的时候，可以把除数 2（也可以写成 $\frac{2}{1}$），颠倒过来变成 $\frac{1}{2}$，然后再做乘法运算，也就是 $8 \times \frac{1}{2}$，答案是 4，和直接做除法运算的结果是一样的。

$$8 \div 2$$

$$8 \times \frac{1}{2} = 4$$

整数除法
也是一样的

有趣的数 · 不可思议的数

数的种类：整数、小数、分数

大家认识数家族的成员吗？

它们大致划分为下边这三类。

0 1 2 3 4 5 6 ······ 11

12 ······ 99 ······ 10000 ······

20000 ······

0.1 0.2 ······

1.1 1.2 ······ 10.8 ······

123.5 ······

$\frac{1}{2}$ $\frac{2}{2}$ $\frac{3}{2}$ ······

······ $\frac{3}{6}$ $\frac{7}{6}$ ······

$\frac{12}{24}$ ······ $1\frac{1}{6}$ ······

$10\frac{1}{5}$ ······

0 1 2 3 ……这样的数叫作整数。

10000或9999999也是整数.

0.1 0.2……这样带有小数点的数叫作小数。

这个是小数点   0.1

$\frac{1}{2}$ $\frac{1}{3}$ ……这样的数叫作 分数.

$\frac{1}{2}$ ←分子
$\frac{1}{2}$ ←分母

$\frac{1}{2}$ $\frac{3}{6}$ ……这样分子比分母小的分数叫作 真分数.

$\frac{3}{2}$ $\frac{7}{6}$ ……这样分子比分母大或分子和分母相等的分数叫作 假分数.

像 $2\frac{3}{5}$ 这样由整数和真分数合成的数叫作 带分数.

61

"它们都是数，意义却是完全不同的吗？"

整数和小数不是很像吗？

"如果把小数中的小数点拿掉的话，小数看起来就和整数一样了。"

就像 11 和 1.1，如果把 1.1 中间的小数点去掉，就变成了 11。这是因为小数和整数实际上都是依照"十进制计数法"构成的。

十进制计数法是指每相邻两个计算单位之间的进率都是十的计数方法，用 0 到 9 这 10 个数字中的某个数字构成一个数位上的数，并且如果相同数位上的数达到 10 了，就要向前进一位数。比如，10 个 1 就是 10,10 个 10 就是 100,10 个 100 就是 1000……以此类推，不管多大的数都能表示出来。

把数位向左移动一位，数字就变成了原来的 10 倍。个、十、百、千、万、十万、百万、千万、亿、十亿、百亿、千亿、兆、十兆、百兆、千兆、京……垓……还有很多可以表达无限大的数的单位。

反过来，1除以10，得到每份就是0.1。0.1再除以10，每份就是0.01，再除以10就是0.001⋯⋯像这样，无论多小的数字也都可以表示出来。

因为整数和小数可以用同样的方法构成，所以小数点向右移动一位，小数就扩大到原来的 10 倍。小数点向左移动一位，小数就缩小到原数的 $\frac{1}{10}$ 了。

"我明白整数和小数的构成方法是一样的，可是分数就不一样了吧？"

分数的写法与整数、小数都不一样，但同样是要用 0 到 9 的这些数字来表示。

整数是以1为单位，用1的多少来表示数的大小。小数是以 0.1 或 0.01 等为单位，用 0.1 或 0.01 等单位的多少来表示数的大小。分数也是用分数单位的多少来表示数的大小，$\frac{2}{5}$ 就是有 2 个 $\frac{1}{5}$。三类数都是用基本单位的个数来表示一个数。

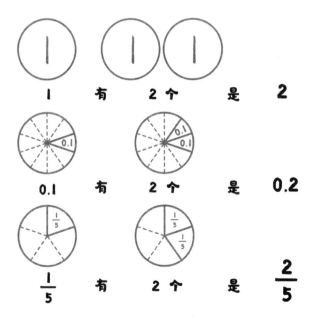

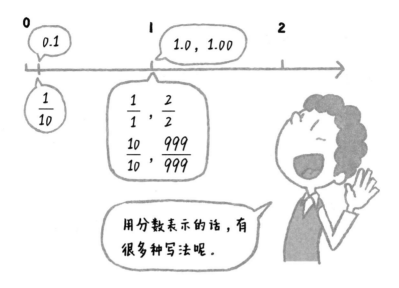

用分数表示的话，有很多种写法呢。

　　不管是整数、小数，还是分数，都可以进行加法、减法、乘法和除法的运算。

　　我们把整数、小数和分数都列在同一条直线上对比来看。

　　表示"1"的时候，整数可以写成1，小数写成1.0、1.00、1.0000······（一般来说，小数末尾的0都不用写出来）。

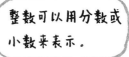

整数可以用分数或小数来表示。

$$1 \rightarrow \begin{matrix} 1.0 \\ 1.00 \end{matrix} \rightarrow \frac{1}{1}, \frac{2}{2}$$

$$\frac{10}{10}, \frac{999}{999}$$

$$? \leftarrow ? \leftarrow \frac{7}{3}$$

有一些分数不能用小数或整数来表示。

分数则有很多不同的写法，可以写成 $\frac{1}{1}$，写成 $\frac{2}{2}$ 也行， $\frac{999}{999}$ 也行……只要分子和分母相同，全都表示"1"。

整数所表示的数值，可以用分数和小数表示。但是，分数所表示的数值，却不一定都能用整数或小数来表示。

为什么是 60 呢
——从因数了解数的历史

　　在整数除法中，如果商是整数而没有余数，我们就说除数和商是被除数的因数。例如，4 的因数是 1、2、4 这 3 个整数（见下一页图所示）。6 的因数是 1、2、3、6 这 4 个整数。

　　有很多因数的数是什么样的呢？我们看看从 1 到 100 的整数吧。例如，24、60、100 这 3 个数，哪一个数的因数最多呢？

　　"1 到 100 当中难道不是 100 的因数最多吗？"

　　那就让我们来找找 100 的因数吧。

　　"首先来看 1……啊，1 可以是任何一个整数的因数啊。另外，一个整数本身也是自己的因数，所以除了 1 以外，其他不管哪个整数，至少都有 2 个因数呢。"

原来如此。还有哪些数是 100 的因数呢?

"好像可以被 2 整除。如果 2 整除 100,那么 100 除以 2 得到的商也是 100 的因数吧。"

大家发现因数的重点了。

因数是（1，100）、（2，50）这样成对的数字组合。如果能确认这样的一对一对的因数，也就能找到一个

可以整除 4 的数是 4 的因数

$$4 \div 1 = 4$$
$$4 \div 2 = 2$$
$$4 \div 4 = 1$$

刚好可以整除，没有余数。

$$4 \div 3 = 1 \cdots\cdots 1$$ ← 因为有余数，所以 3 不是 4 的因数

数所有的因数啦。

"因数的数量都是偶数吗？ 4 和 25 是一对，5 和 20 是一对，10 和 10 是一对……啊，组合里也会出现两个因数是同一个数字的情况。"

没错。100 也可以用 10×10 这样相同的数字相乘来表示。这样的数叫作平方数（也叫正方形数），具体内容请看第 86 页。

100 的因数是……

1	——	100
2	——	50
4	——	25
5	——	20
10		

一共有 9 个

把两数相乘结果是 100 的数字组合找出来就可以了……

那么，100 的因数一共有 9 个，9 是奇数，所以因数的数量也有可能是奇数。

下面，我们看看 24 的因数有哪些？

24 比 100 小，那它的因数就一定比 100 的因数少吗？

把 24 的因数全都写出来，就会发现 24 虽然比 100 小很多，但它的因数有 8 个之多呢。

那么 60 有哪些因数呢?

如下图所示, 60 竟然有 6 对因数组合, 共有 12 个因数。

也就是说, 在 24、60、100 这 3 个数字中, 因数最多的数字是 60。

"这么说来, 1 小时是 60 分钟, 1 分钟是 60 秒, 时间都是把 60 作为 1 个单位周期呢。"

60 的因数

1 ———— 60
2 ———— 30
3 ———— 20
4 ———— 15
5 ———— 12
6 ———— 10

几千年前，在古巴比伦王国，人们就已经用 60 作为单位来记数了。因为他们认为 60 的因数很多，做除法的时候会更方便。这就是"六十进制"啦。据说，1 小时有 60 分钟这种算法，也是从古巴比伦流传来的。

使用六十进制的还有角度的计量单位。在角度计量中，有比 1 度更小的单位"分"。1 度就是 60 分。1 度的 $\frac{1}{60}$ 的角度太小了，已经很难通过肉眼看出来啦。

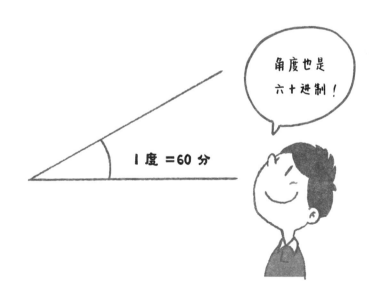

古巴比伦的数字

1 𒁹	11 𒌋𒁹	21 𒎙𒁹	31 𒌍𒁹	41 𒐏𒁹	51 𒐐𒁹
2 𒈫	12 𒌋𒈫	22 𒎙𒈫	33 𒌍𒈫	44 𒐏𒈫	55 𒐐𒈫
3 𒐈	13 𒌋𒐈	23 𒎙𒐈	33 𒌍𒐈	44 𒐏𒐈	55 𒐐𒐈
4 𒐉	14 𒌋𒐉	24 𒎙𒐉	34 𒌍𒐉	44 𒐏𒐉	55 𒐐𒐉
5 𒐊	15 𒌋𒐊	25 𒎙𒐊	35 𒌍𒐊	45 𒐏𒐊	55 𒐐𒐊
6 𒐋	16 𒌋𒐋	26 𒎙𒐋	36 𒌍𒐋	46 𒐏𒐋	56 𒐐𒐋
7 𒐌	17 𒌋𒐌	27 𒎙𒐌	37 𒌍𒐌	47 𒐏𒐌	57 𒐐𒐌
8 𒐍	18 𒌋𒐍	28 𒎙𒐍	38 𒌍𒐍	48 𒐏𒐍	58 𒐐𒐍
9 𒐎	19 𒌋𒐎	29 𒎙𒐎	39 𒌍𒐎	49 𒐏𒐎	59 𒐐𒐎
10 𒌋	20 𒎙	30 𒌍	40 𒐏	50 𒐐	

而且，古巴比伦人使用的楔形文字当中，也有与 1 到 59 的所有数相对应的文字（请看上图）。

天干地支本来也是以 60 年为一个周期的纪年法（十天干和十二地支，当 10 年周期和 12 年周期相重合的时候就是 60 年）。天干地支纪年法发源于中国，也是以 60 作为 1 个单位周期。

这么看来，60 是个很特别的数啊。

最后再讲一个有关数字的小知识。如果说到幸运数字，大家的脑海里会浮现出哪个数字呢？是不是经常听说的幸运数字"7"呢？

其实啊，在古巴比伦时代，7是不吉利的数字，是和"幸运"完全相反的意思。这也和因数有关系。

"7是不吉利的数字？这和60也有一定的关系。60的因数是1、2、3、4、5、6……啊！如果从1开始数的话，7是第一个不是60因数的整数。"

原来如此，所以古巴比伦人把7的倍数的日期，作为休息日了。7日、14日、21日、28日……也有一种传说，说这就是一周有7天的由来。

只能被1和它本身整除的数
—— 质数

2013 年，美国一所大学的研究者找到了目前世界上最大的质数，它有 17,425,170 位数！

那么，到底什么是质数呢？

质数就是指一个数除了1和它本身两个因数以外，没有其他因数。质数也叫素数。最小的质数是2。

那么，100 以内有几个质数呢？

下一页的表格里写出了1到100的所有自然数。

由于4以上（包括4）的偶数，除了1和它本身以外，都能被2整除，所以不是质数。

也就是说，除了2以外，所有质数都在除了1以外的奇数当中。"埃拉托斯特尼筛法"（埃氏筛）是一种时间很久、名气很大的简单的检定质数的方法。

I 到 I00 的自然数表

I	2	3	4	5	6	7	8	9	10
II	12	13	14	15	16	17	18	19	20
21	22	23	24	25	26	27	28	29	30
31	32	33	34	35	36	37	38	39	40
41	42	43	44	45	46	47	48	49	50
51	52	53	54	55	56	57	58	59	60
61	62	63	64	65	66	67	68	69	70
71	72	73	74	75	76	77	78	79	80
81	82	83	84	85	86	87	88	89	90
91	92	93	94	95	96	97	98	99	100

注意：红色方格里的数就是质数

结果是，100 以内有 25 个质数。

那么，在 100 以外更大的范围里，又能找到多少个质数呢?

找到所有质数，是质数研究者们的梦想。早在古希腊时代，人们就知道质数有无数个，但在这之后的2000多年里，人们对质数的了解都仅止于此，没有新的进展。

前面提到的美国大学的研究项目中，研究人员就用了从"2 的 *n* 次方[1]减1"得出的整数（梅森数）中寻找质数的方法，他们从 1996 年开始就一直在推算最大的质数。

2013 年找到的这个质数，就算用 1 毫米大小的数字写出来，长度都可以达到 17 千米多。虽然这个数的位数多到让人难以置信，但质数有无数个，因此人们相信，未来某天还会找到比这个数更大的质数。

---

[1] "*n* 次方"就是把一个数和自身连续相乘 *n* 次。例如，2 的 3 次方就是 2×2×2=8。——译者注

寻找最大的质数

2 的　32,582,657　次方减 1 得到的数

⬇

980 万 8358 位数

37,156,667　次方减 1 得到的数

⬇

1118 万 5272 位数

42,643,801　次方减 1 得到的数

1283 万 7064 位数

2008年 ⬇

43,112,609　次方减 1 得到的数

1297 万 8189 位数

2013年 ⬇

57,885,161　次方减 1 得到的数

⬇

1742 万 5170 位数

?????

在自然界中，也有和质数有关的神奇现象。大家知道13年蝉和17年蝉的故事吗？北美洲有两种蝉，一种是生命周期为13年的13年蝉，另一种是生命周期为17年的17年蝉。它们一生中的大部分时间都处于幼虫状态，幼虫在地底下整整生活13年或17年以后，才会大批涌出地面羽化成成虫，然后迅速交配、产卵，接着就死亡了。

13 年蝉？

17 年蝉？

大家发现了吧，13 和 17 都是质数呢。

可是，蝉大规模涌出地面的时间和质数到底有什么关系呢？

原因很有可能是蝉为了和它们的天敌——鸟类错开生长周期，才选择了这样的年数。

如果蝉选择了以 12 年作为周期爬出地面，结果很可能会同时遇到以 2 年、3 年、4 年、6 年为生长周期、达到数量高峰的天敌。

当蝉选择了以 13 年作为生命周期，那么就算天敌的数量高峰以 2 年为周期，蝉和天敌相遇也需要 13 乘 2 等于 26 年。如果天敌的数量高峰周期为 3 年，就需要 13 乘 3 等于 39 年。如下一页图所示。

蝉和天敌生长周期表

有很多天敌！

	1年	2年	3年	4年	5年	6年	7年	8年	9年	10年	11年	12年
6年周期						▼						▼
5年周期					×					×		
4年周期				■				■				■
3年周期			▲			▲			▲			▲
2年周期		●		●		●		●		●		●

这样，对于蝉来说，就等于把危机造访的周期变长了，把灭绝的危险降低了。

如果两个数都是质数，那么这两个数的最小公倍数就是两数之积，会是一个较大的数。

例如，只看13年蝉和17年蝉的生长周期，那么它们同时大规模出现的时间，是13和17的最小公倍数，也就是221年。

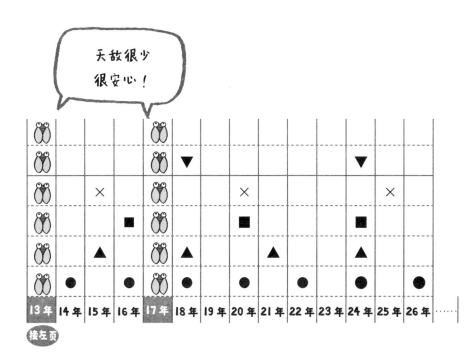

也就是说，两种蝉同时出现的周期特别长。这样就可以保证两种蝉各自的子孙后代可以拥有很长的安全的生长期啦。

这就是蝉的寿命和质数的关系，也许是蝉为了生存下去绞尽脑汁找到的方法。

用图形来表示数时会发现
很有趣的现象——数与形

像下图所示的那样，用围棋的棋子摆一排三角形，棋子的数量会发生什么变化呢？

"三角形最下面一行的棋子数量会依次增加。"

是的，三角形最下面一行的棋子个数由1、2、3、4、5……依次增加。那么我们来看看，要摆出第4个三角形，需要多少枚棋子呢？

"第 4 个三角形，第 1 行有 1 枚棋子，第 2 行有 2 枚棋子，第 3 行有 3 枚棋子，最下面一行有 4 枚棋子，所以是 1+2+3+4，一共 10 枚棋子。"

是这个答案。另外，还可以用下图中的方法，把不同颜色、相同数量的棋子反过来摆在一起。像下图所示那样，白色棋子和黑色棋子一共 20 枚，从图中可以看出，组成这个三角形的棋子数就是 20 除以 2 等于 10 枚。

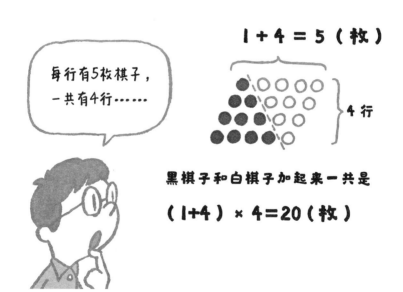

1 + 4 = 5（枚）

4 行

每行有5枚棋子，一共有4行……

黑棋子和白棋子加起来一共是

（1+4）× 4＝20（枚）

用这种方法，我们就能计算出组成三角形需要的棋子数量啦，依次是1、3、6、10、15、21、28、36、45……像这样可以拼出三角形的数，就叫作三角形数。

三角形数是从 1+2、1+2+3、1+2+3+4 这样的自然数相加得到的，因此也叫自然数之和。

"有三角形数的话，那有正方形数吗？"

如果有三角形数，那是不是也有正方形数呢？这是个很不错的想法啊。

像下图所示，用棋子摆出正方形所需要的棋子数量就叫作正方形数。

可以发现，正方形数依次是1、4、9、16、25、36、49、64、81……

是不是感觉在哪里见过这些数呢？

原来它们都是九九乘法表对角线上的数呢，它们同时也是某个数的平方，所以正方形数也叫作平方数。

九九乘法表

	1	2	3	4	5	6	7	8	9
1	①	2	3	4	5	6	7	8	9
2	2	④	6	8	10	12	14	16	18
3	3	6	⑨	12	15	18	21	24	27
4	4	8	12	⑯	20	24	28	32	36
5	5	10	15	20	㉕	30	35	40	45
6	6	12	18	24	30	㊱	42	48	54
7	7	14	21	28	35	42	㊽	56	63
8	8	16	24	32	40	48	56	㊽	72
9	9	18	27	36	45	54	63	72	㊶

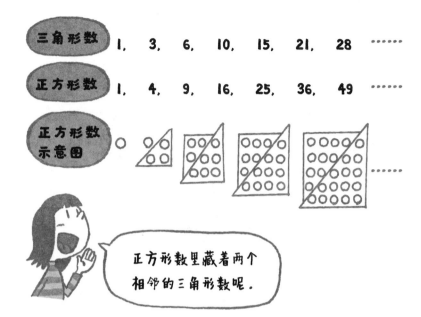

三角形数　1,　3,　6,　10,　15,　21,　28 ……

正方形数　1,　4,　9,　16,　25,　36,　49 ……

正方形数
示意图

正方形数里藏着两个
相邻的三角形数呢。

　　在这里，我们把三角形数和正方形数放在一起，对比一下看看吧。

　　大家一定已经发现了，两个相邻的三角形数相加就是一个正方形数。而正方形数的示意图，也可以拆分出两个相邻的三角形数的示意图。

把奇数依次相加……

1

1 + 3 = 4

1 + 3 + 5 = 9

1 + 3 + 5 + 7 = 16

1 + 3 + 5 + 7 + 9 = 25

1 + 3 + 5 + 7 + 9 + 11 = 36

变成平方数啦！

　　如果三角形数是自然数之和，那么，把奇数相加会得到什么数呢？

　　"奇数相加会变成很复杂的数吧？"

　　那我们按顺序试试看吧。

　　"哎呀，结果全都是平方数呢。"

"这是为什么呢？"

我们结合示意图来看看奇数的和的问题吧。

把奇数的和用下面的图表示，并且把图稍微变形一下——

就变成了和正方形数一样的图啦。

所以，奇数的和是正方形数，也就是平方数。

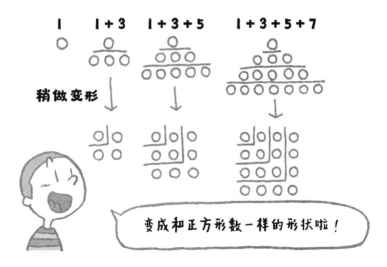

90

那么，偶数的和又是什么情况呢？

偶数的和如下图所示，像奇数的和那样进行一下变形，但图形并不是正方形，而是变成了长方形。

这样的数叫作长方形数。

自然数之和是三角形数，奇数之和是正方形数，偶数之和是长方形数。

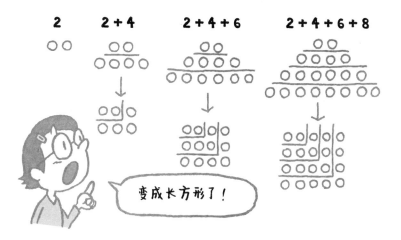

偶数的和是……

2   2 + 4   2 + 4 + 6   2 + 4 + 6 + 8

变成长方形了！

圆的周长是直径的几倍

　　右页图中有个正方形，如果把这个正方形滚动一次，它会滚动多远呢？

　　"大约是周长的四分之一……"

　　因为正方形四条边的长度相等，所以只要知道一条边的长度，就能知道它的周长，正方形的周长是边长的 4 倍。

　　接着我们再来看右图下方的正六边形，它的一条对称轴所在的对角线的长度和图中上方正方形的边长相等，把正六边形滚动一次会滚多远呢？我们在图上做记号看看吧。

　　"但是不知道正六边形的周长是多少啊。如果知道正六边形一条边的长度，它的 6 倍就是正六边形的周长了……"

正方形滚动一次的长度

正六边形滚动一次的长度

把正方形和正六边形重叠起来……

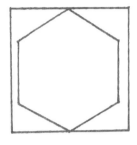

如果把对称轴所在对角线的长度和正方形的边长相等的正六边形与这个正方形重叠在一起看，如上图所示，正六边形的周长似乎要比正方形的周长短一些。

"可是，还是不知道正六边形的周长是多少啊。"

请看下一页的图，正六边形是由 6 个等边三角形组成的，正六边形对称轴所在对角线的长度就是等边三角形边长的 2 倍。

"原来如此，所以正六边形边长就是正方形边长的

正六边形是由6个等边三角形组成的，边长是对称轴所在对角线长度的一半。

正六边形对称轴所在对角线的长度和正方形的边长相等，所以正六边形的边长是正方形边长的一半。

一半。也就是说，正六边形的周长就是正方形边长的3倍啦。"

我们现在明白了，图中正六边形的周长是正方形边长的3倍。

下面我们来看看，把直径和正六边形对角线相等、和正方形边长相等的圆形滚动一周，会滚多远呢？

"要是能知道圆形的周长就好了。"

圆形的周长就是圆形一周的长度。圆形的周长是多少呢？让我们一起来想一想吧。

有多远？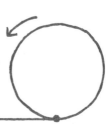

"不知道正确答案是什么，不过我觉得圆形的周长比正六边形的周长要长一些。大家看下面的图，如果把圆形和正六边形重叠起来，确实是圆形比正六边形大一些啊。"

　　圆形稍微大一些，也就是圆形的周长比正六边形的周长要长一些。圆形周长比正方形边长的 3 倍长一些，也就是比圆形直径的 3 倍稍长一些。

把正方形、正六边形和
圆形重叠起来……

圆形比正六边
形大！

"其他圆形也是同样的算法吧？"

我们再来测量各种大小的圆形的直径和周长，验证一下圆的周长是不是比直径的 3 倍长一些。

圆形比正六边形稍大一些

圆形的周长比"正六边形的周长"长一些，

=

比"正方形边长的 3 倍"长一些，

=

比 圆形的直径的 3 倍 长一些。

所以，圆形的周长是直径的3倍多呢。

圆形的直径可以用三角尺之类的工具准确地测量。

圆的周长也可以用线绕圈，或者在纸上滚动画线来测量，线的长度就是圆形的周长。

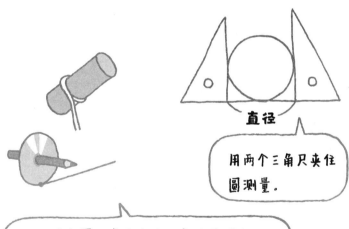

测量圆的直径和周长的方法

直径

用两个三角尺夹住圆测量。

用线绕圈，或者在纸上滚动画线都可以测量圆形的周长。

测量出来的结果多少都会有一点误差，但不管是哪个圆形，周长都比直径的 3 倍稍微长一点。这个比圆直径的 3 倍稍大一点的数叫作圆周率。圆周率的准确数值是一个永远没有尽头的无限小数。

圆周率的数值是：

3.1415926535 8979323846

2643383279 5028841971

6939937510 5820974944

5923078164 0628620899

8628034825 3421170679……

很久很久以前，就有很多数学家尝试计算出圆周率的准确数值。公元前 3 世纪，阿基米德在计算正九十六边形的边长时，推算出圆周率是一个比 3.14085 大、比 3.14286 小的数。1500 多年前，中国有一位伟大的数学家和天文学家祖冲之，他计算出圆周率应在 3.1415926 和 3.1415927 之间，成为世界上第一个把圆周率的值精确到小数点后 7 位的人。现在，我们可以使用电脑计算出圆周率小数点后 60 万亿位的数了。

数的排列方式遵循什么规则呢
——斐波那契数列和黄金比

下面这行数是根据某种规则排列而来的。大家推算得出排在 8 后面的应该是哪个数吗?

提示:不要只看一个数本身,还要联系它前面的一两个数一起来思考。例如,2 前面的数是 1,1 前面的数也是 1,也就是 "1、1 的后面是 2"。

I, I, 2, 3, 5, 8, □ ......

按照这种方法往后看，"1、2 的后面是 3"，"2、3 的后面是 5"，"3、5 的后面是 8"。

已经看出来了吧，5、8 后面的数是 13，再后面的数是 21。每个数都是前两个数之和。

大家可能以为这个问题只是一个猜谜小游戏，其实它可远远不是一个小游戏那么简单，这其中蕴含着很有意思的"秘密"呢。

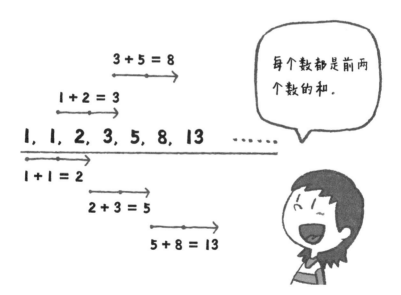

像"1、1、2、3、5、8……"这样把数排列下去的
方法，叫作"斐波那契数列"，是距今 800 年前的一位
数学家莱奥纳多·斐波那契编写出来的。

那么斐波那契数列蕴含着什么秘密呢？

让我们再仔细观察一下斐波那契数列吧。

前面，我们已经看出来斐波那契数列的规则是"每

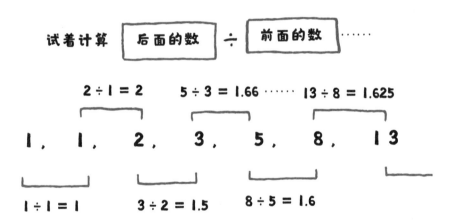

个数都是前两个数的和"。

实际上，斐波那契数列中还有许许多多的排列规则。我们再来找找新的排列规则吧。

如下图所示，两个相邻的数中，"后面的数 ÷ 前面的数"所得的结果似乎越来越接近某个数。

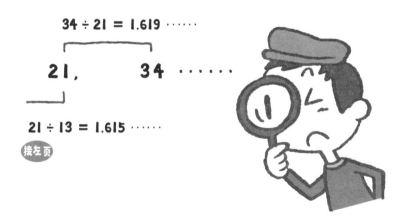

寻找斐波那契数列的秘密吧!

34 ÷ 21 = 1.619 ······

21，   34 ······

21 ÷ 13 = 1.615 ······

接左页

这个数就是 1.61803398……看上去，这是一个很复杂的数吧，其实这个数可是蕴含着秘密呢。

用 1 比这个数（1：1.618）得到的结果 0.618 被称作"黄金比"的比值，从古至今它都被认为是"世界上最美的数"。比如，在以美丽而著称的雕塑《米洛斯的维纳斯》和世界名画《蒙娜丽莎》中都可以找到这个比值。

黄金比真美啊……

$1 : 1.61803398……$

$= 0.61803398……$

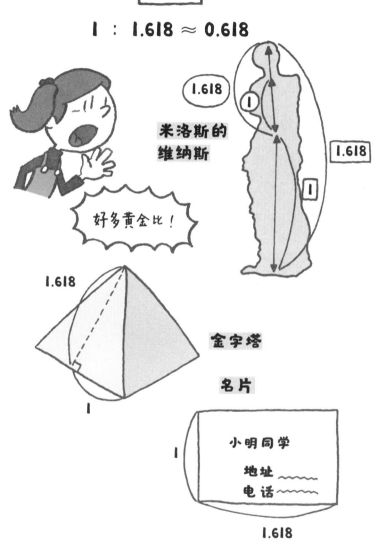

黄金比

$$1 : 1.618 ≈ 0.618$$

不仅仅是在艺术作品中，在很多生活物品中也能找到黄金比，例如名片、信用卡等卡片长宽比。

　　自然界中也不难发现黄金比，像向日葵、菠萝和松果上都可以找到黄金比。

　　这些难道都只是巧合吗？这些现象都让人不由得感到其中一定蕴含着远比巧合更深刻的奥秘。